EXAMEN

DE L'ÉCRIT INTITULÉ :

LA CHIROBALISTE

D'HÉRON D'ALEXANDRIE

TRADUITE DU GREC

ETC. ETC.

Πλὴν μέν τοι ἐγκωμιαστέον ἐστὶ τοὺς ἐξ
ἀρχῆς εὑρόντας τὴν τῶνδε τῶν ὀργάνων κα-
τασκευήν· καὶ γὰρ τοῦ πράγματος καὶ τοῦ
σχήματος ἀρχηγοὶ γεγόνασι.

A cela près toutefois, que l'on doit des
éloges à ceux qui, dès le principe, ont
trouvé la composition de ces machines :
parce que, pour le fond comme pour la
forme, ceux-là sont les Chefs par droit de
naissance.   (PHILON, *ibid.*)

Ne sit cupidus, neque in muneribus
accipiendis habeat animum occupatum ;
sed cum gravitate suam tueatur dignita-
tem, bonam famam habendo. Hæc enim
philosophia præscribit.

(VITRUVE, *loco laudato.*)

PARIS,

MALLET-BACHELIER, IMPRIMEUR-LIBRAIRE

DE L'ÉCOLE IMPÉRIALE POLYTECHNIQUE ET DU BUREAU DES LONGITUDES,

QUAI DES AUGUSTINS, 55.

1862.

EXAMEN

DE L'ÉCRIT INTITULÉ :

LA CHIROBALISTE

ETC. ETC.

———————◦◦◦———————

En arrivant à l'Académie, avant l'ouverture d'une de ses dernières séances (11 juillet), je trouvai mes honorables confrères pourvus depuis plusieurs jours d'une brochure intitulée : *La Chirobaliste d'Héron d'Alexandrie, etc.*

Cette publication, d'un caractère à demi clandestin (1), où mon nom se trouve mentionné à chaque page, réclame de ma part quelques mots d'explications. A la rigueur, ces explications pourraient se résumer dans les termes suivants : ABUS DE CONFIANCE, PLAGIAT,..., ou peut-être, plus simplement encore,.... dans un seul mot qui dégagerait l'auteur de toute responsabilité morale.... C'est ce dont le lecteur pourra juger d'après les deux lettres suivantes qui caractérisent la première et la dernière des relations (toutes deux indirectes) que j'ai eues avec M. Prou, l'auteur du libelle.

Voici la première des deux lettres :

Tours, 19 mai 1860.

◦ Monsieur et cher Maître,

▪ Permettez-moi de me rappeler à votre souvenir pour vous

---

(1) Ce n'est, en effet, qu'après plusieurs jours de démarches faites par *des tiers*, que je pus obtenir de l'éditeur qu'il m'en livrât un exemplaire en échange du prix fixé !

I.

prier de vous intéresser à un jeune homme que M. T... emploie comme dessinateur, et qu'*il a* même *chargé* de tout ou partie des dessins qui doivent illustrer *votre Bélopée d'Héron*. Ce jeune homme, M. Prou, l'un de mes anciens élèves et des meilleurs, *vaut mieux encore par le cœur et par l'esprit que par la main*. Si l'occasion se présente de lui être utile, saisissez-la ; vous n'aurez obligé *ni un indigne, ni un ingrat*, et vous m'aurez rendu un service personnel.

» Recevez-en, à l'avance, mes plus sincères remercîments, et veuillez agréer en même temps la nouvelle assurance de tous mes sentiments de respect et d'affection.

Votre ancien élève,

Signé : A. B.

(*A M. Vincent, membre de l'Institut.*)

Voici la seconde lettre : elle est datée du 14 *mai dernier* et adressée à M. R... qui avait accepté la mission, devenue très-pénible à cette époque, de correspondre pour moi avec M. Prou, après avoir, toutefois, itérativement averti ce dernier, que toutes ses lettres adressées à lui (M. R.) me seraient communiquées.

« Mon cher M. R..., le temps des vaines récriminations est passé ; l'heure est venue de procéder avec fermeté sur le terrain du droit absolu. Je vous prie de vouloir bien demander à M. Vincent l'engagement *signé par lui* de me restituer pleinement dans toute future publication de *notre* travail sur la Chirobaliste (1), et surtout *dans l'ouvrage de l'Empereur sur l'His-*

---

(1) Ce travail, dont j'étais personnellement et exclusivement chargé par les ordres de l'Empereur, ne peut être publié que par l'ordre de Sa Majesté ou avec Son autorisation ; mais cette autorisation ne sera sollicitée que quand le travail, non terminé encore, sera jugé digne de paraître au jour. M. Prou, qui *a reçu contre quittance* la rémunération pécuniaire de sa collaboration, d'après les conditions fixées par lui-même, et qui, après

toire de César, non-seulement la part de collaboration technique qu'il m'avait faite dans sa première dédicace, mais encore *celle qui m'est due* pour les découvertes que j'ai faites dans le sens intime du texte.

. . . .

» Veuillez déclarer à M. Vincent que je m'engage ici sur l'honneur à dénoncer toutes ses machinations à l'opinion publique, s'il préfère une guerre scandaleuse que je veux éviter encore, à une paix conclue enfin sur des bases justes et solides.

. . . .

» Veuillez ajouter que je ne mens jamais.

Votre bien dévoué,

V. PROU,
Ingénieur civil (1).

« *P. S.* Je désire avoir une réponse définitive dans deux jours, c'est-à-dire vendredi soir 16 mai au plus tard. »

Les jours suivants, nouvelles sommations.
1° Le 16 :

« Je prolonge à demain midi mon ultimatum, afin de donner à M. R... le temps de me faire savoir si, en principe, il me serait possible d'obtenir. . . . . »

(Ici, une autre prétention peut-être moins ridicule que la première, mais tout aussi irréalisable de ma part.)

---

cela, vient parler de *copropriété littéraire et scientifique,* de *copropriété philologique, etc.* (lettre du 5 février dernier), M. Prou, dis-je, n'a certainement pas conscience de la position irrégulière dans laquelle il s'est placé par sa publication, et, à la fin de sa préface, il s'est souvenu à propos du droit d'asile ; mais il a oublié que ce droit n'allait pas jusqu'à dépouiller l'autel protecteur.

(1) Le titre officiel de M. Prou est *ex-conducteur des Ponts et Chaussées.* — Quant à celui d'*ingénieur civil,* la loi ne l'interdit à personne (BELÈZE, *Dictionnaire de la vie pratique,* p. 924.)

« A ce prix seul, je consentirais à une transaction.....»

V. Prou (1).

2° Le 17 :

« Comme il s'agit d'une chose extrêmement grave pour M. V. — (*sic*), j'attendrai encore jusqu'à demain *midi* sa réponse....

» Demain, à 1 *heure*, j'aurai fait un pas pour sauvegarder mes intérêts. »

3° Le 18 :

Dimanche, 20 mai 62 (*sic*).

« Si, à midi, je n'ai pas reçu de réponse, à 1 heure j'aurai traité avec un imprimeur les conditions d'impression d'une brochure intitulée :

Mes droits

contre M. V., m. de l'I.

à la priorité de la découverte

théorique, pratique et philologique

de l'arme de guerre décrite

dans le traité grec de la Chirobaliste

d'Héron d'Alexandrie :

Dialogue des morts (entre Héron, Philon, etc.)

pour l'édification des vivants.

» Avec ces épigraphes :

Me! me! adsum qui feci!

... Tulit alter honores !

Sic vos non vobis vellera fertis, oves !

VIRGILE, *passim*.

. . . .

» En sortant de chez le libraire.... »

(Ici, une menace que je supprime.)

. . . .

V. Prou.

(Ainsi daté une seconde fois :.... « Dimanche matin, 8 heures. »)

---

(1) Toutes les lettres alléguées portent cette signature.

Telle est l'origine du libelle que nous examinons. Peut-être les termes et les développements de cette suite d'ultimatums suffiront-ils pour édifier le lecteur sur le caractère de la publication dont il s'agit. Mais mon honneur attaqué exige de moi quelque chose de plus.

J'avais entrepris (on s'en souvient peut-être) (1), pour obéir à un désir auguste, la traduction des Traités de Philon de Byzance et d'Héron d'Alexandrie sur les armes de jet, notamment du Traité de la Chirobaliste de ce dernier auteur. Je m'étais (avec autorisation préalable) adjoint pour ce dernier travail, 1° M. E. Ruelle, qui devait collationner les nombreux manuscrits de la Chirobaliste et faire une première révision du texte, et 2° M. Prou, qui s'était chargé de faire les dessins avec une copie calligraphique de la traduction, et de régler les menus détails de mécanique pratique qui paraissaient tomber sous sa compétence.

A cet effet, j'avais confié à M. Prou un exemplaire des *Mathematici veteres* de Thévenot, et *ma traduction déjà faite* du Traité de la Chirobaliste, dans laquelle toutefois il était chargé d'introduire les expressions techniques qui, sans trop s'écarter de la naïveté du style antique, seraient jugées convenables pour la rendre plus intelligible aux constructeurs modernes. Une préface sous forme de Dédicace à S. M. l'Empereur, ajoutée plus tard, lui fut également confiée.

Ma traduction était d'ailleurs appuyée et motivée sur les leçons de dix manuscrits de la Bibliothèque impériale de Paris, soigneusement recueillies par M. E. Ruelle (2).

----

(1) Mes communications à l'Académie sont des 11 et 16 avril dernier; le *Moniteur universel* en a rendu compte le 21 mai.

(2) Il sied bien à M. Prou de parler aujourd'hui de ces *variantes insignifiantes*, et de ce *travail facile* qu'il a trouvé tout fait.

Les leçons adoptées comme préférables à celles du texte grec imprimé, étaient indiquées sur les marges, soit de mon exemplaire de Thévenot, soit de ma traduction ; il n'y avait plus qu'à les introduire dans la copie. En rejetant au bas de la page les leçons remplacées, on avait le résultat présenté par M. Prou (aux pages 18, 20, 22, 24 et 26 de sa brochure) comme étant son *travail personnel* (libelle, p. 3).

De ce simple et fidèle exposé il résulte que la priorité du travail m'appartient incontestablement. D'ailleurs M. Prou, quoique bachelier ès lettres et bachelier ès sciences, n'eût pu le faire seul, parce qu'il ignorait complétement (on le verra tout à l'heure) le système numéral des Grecs qui est ici d'une importance capitale pour fixer les *cotes d'exécution* (lib., p. 7).

Quant au reste, ce que M. Prou pourrait revendiquer en un certain sens, ce seraient les expressions techniques qu'il s'était chargé d'introduire dans ma traduction ; mais ces expressions, qui ne se trouvent point en général dans les lexiques grecs, supposent le sens déjà connu ; elles sont donc loin de suffire, même au seul point de vue littéraire, pour autoriser M. Prou à dire, comme il le fait à la page 38, que je ne suis pas le véritable traducteur de la Chirobaliste. En outre, les corrections de chiffres que j'ai dû faire, surtout aux §§ 3 et 4 (p. 22 et 24), ainsi que le débrouillement des alphabets distincts quoique semblables, employés dans les légendes des figures, tout cela m'a coûté, *à moi*, trop de temps, de travail et de peine, pour que je ne tienne pas à le revendiquer hautement.

D'ailleurs, il y a un moyen fort simple et l'on peut dire mathématique de décider quel est l'auteur véritable et original de ce travail, c'est d'examiner comment les caractères de l'alphabet grec y sont traduits en lettres françaises. Wallis, ayant à faire une semblable transcription, adopte un système particulier que l'on trouve exposé au folio B v° du III° vol. de ses œuvres. Mais on peut suivre bien d'autres systèmes : car mettant de côté quinze lettres $\alpha, \beta, \delta, \varepsilon$, etc., pour lesquelles la traduction se présente pour ainsi dire d'elle-même, et où, par conséquent, je me rencontre avec l'auteur anglais, il reste, en négligeant même les lettres redoublées, neuf caractères en comptant le ς, savoir $\gamma, \zeta, \eta, \theta, \varphi, \chi, \psi, \omega, \varsigma$, sur la transcription desquels on peut varier. Or ces neuf caractères ne fournissent pas moins de 362 880 permutations différentes. Si donc deux écrivains se rencontrent dans leur transcription, il y a 362 879 à parier contre 1 que l'un des deux écrivains a copié le travail de l'autre. Dès lors, s'il est prouvé pour l'un des deux qu'il n'a fait que se copier lui-même, il sera prouvé par là que ce n'est pas lui qui est le plagiaire; or c'est précisément ce qui a lieu à mon égard, puisque j'ai suivi exactement le même système que j'avais adopté au t. XIX des *Notices et Extraits des manuscrits*, p. 17. Quant à M. Prou, n'ayant point d'antécédents et se trouvant libre de choisir parmi ces 360 et quelques mille solutions indiquées plus haut, quelle heureuse chance ne lui a-t-il pas fallu pour être justement tombé sur la mienne!

Maintenant, voici des preuves convaincantes que M. Prou ignore complétement le système numéral des Grecs : elles se trouvent dans les trois derniers alinéas de la page 22 (1re col.). = Ainsi :

1° *Alinéas* 6 et 8 : les légendes des figures, empruntées aux signes numéraux, devraient être ainsi écrites dans le second alphabet : $\alpha, \beta, \gamma, \delta, \varepsilon, \varsigma, \zeta, \eta, \theta$: M. Prou néglige les virgules.

2° A la suite de ce deuxième alphabet, ce n'est point

la notation μ^{α}, μ^{β}, μ^{γ}, ..., semblable à nos exponen-
tielles, qu'emploient les géomètres grecs, mais $\underset{\alpha}{\mu}$, $\underset{\beta}{\mu}$, $\underset{\gamma}{\mu}$, ...;
et puis alors, pourquoi μ plutôt que λ ou que ν ? c'est ce
que M. Prou aurait peut-être dit si je n'avais omis de l'en
instruire.... Eh bien! pour une autre fois, qu'il sache
donc que c'est l'initiale du mot μυριάς.

(Voyez encore, sur ce sujet, ci-après, p. 28.)

Mais voici un point plus grave : outre le texte et la
traduction, il y a encore à parler de ma Dédicace, pièce
de nature toute confidentielle, et qui n'était pas destinée
à la publicité, au moins sous sa forme actuelle. Or, à cet
égard, n'a-t-il pas fallu, je le demande, que l'auteur eût
complétement perdu le sens moral, pour ne pas voir qu'il
commettait un abus de confiance inqualifiable en copiant
pour son propre usage et publiant avec une pareille lé-
gèreté, même de simples fragments de cette pièce dont il
s'était chargé d'opérer discrètement la mise au net?

Certes ce n'est plus là « le jeune homme dont le cœur
et l'esprit valent mieux que la main » ! Mais alors

Comment en un plomb vil l'or pur s'est-il changé?

Sans doute il n'a fallu pour cela rien moins qu'un coup
de foudre contre lequel M. Prou, trop confiant dans ses
forces, n'a pas eu la prudence de se garantir : c'est ce
qu'il s'agit d'expliquer.

Le travail que M. Prou avait à exécuter pour moi, bien
qu'interrompu par de nombreuses discussions nécessaires
pour fixer plusieurs détails, ce travail, dis-je, s'était effec-
tué lentement il est vrai, mais assez régulièrement jus-
que vers le mois de novembre dernier. Un jour même,

M. Prou m'avait fait une observation (p. 19, *note* 2) que je trouvai assez importante, pour lui dire qu'en récompense de cette bonne remarque qui m'en promettait d'autres, sa collaboration serait mentionnée sur le titre de l'ouvrage dont j'avais entrepris la rédaction (1). Malheureusement, quelque temps après l'époque que je viens de citer, M. Prou se trouva entraîné à s'occuper d'un chemin de fer pour lequel, simultanément avec le travail difficile dont il avait déjà à s'occuper pour moi, il ne craignit pas d'entreprendre un tracé différent de celui que la Compagnie intéressée voulait exécuter (2).

Dès ce moment, M. Prou ne fut plus à moi, c'est-à-dire à la Chirobaliste. Plusieurs des dessins qu'il me remit alors durent être refaits postérieurement : il prétendait y voir des détails qui pour moi étaient totalement absents. La traduction même qu'il avait dû copier était tronquée et présentait de notables lacunes (3) qu'il ne voulait pas reconnaître. Ne pouvant plus avancer ni reculer, je me trouvais dans une perplexité cruelle. Heureusement, le mal étant arrivé à son paroxysme, survint une crise salutaire. Ne songeant qu'à gagner du temps et à rassembler toutes ses forces pour soutenir la lutte qu'il avait engagée contre les ingénieurs du chemin de fer, M. Prou imagina (5 février 1862) de m'écrire qu'*il ne consentirait à refaire*, sur mes idées, une feuille manquée, qu'après

---

(1) Notre rupture et l'intervention d'un nouveau collaborateur m'obligèrent à modifier ce projet : c'est-à-dire que mon nom ne parut plus qu'à la fin de la Dédicace, tandis que celui de M. Prou est, comme ici, cité dans le corps même de la pièce : je dirai plus loin dans quels termes.

(2) Il s'agissait de rapprocher de la petite ville d'Auneau (Eure-et-Loir) la ligne de Paris à Tours.

(3) J'ai soigneusement conservé les feuilles, écrites ou dessinées de la main de M. Prou, qui prouvent tout ce que j'avance ici.

1 ...

l'accomplissement de certaines conditions.... auxquel-
les je n'avais point mission de satisfaire (1).

Je lui répondis que la position où il me plaçait m'im-
posant la nécessité de m'adjoindre un autre collaborateur,
sa demande ne pouvait être prise par moi que comme une
démission qu'il m'offrait.... et que j'acceptais.

Irrité de ce congé auquel il ne paraissait pas s'attendre;
aigri d'ailleurs, un peu plus tard, par l'insuccès de l'en-
treprise relative au chemin de fer, M. Prou commença
de tenir à mon égard une conduite tellement injurieuse
ou plutôt tellement extravagante, que je dus lui interdire
ma porte et cesser toute correspondance directe avec lui
(ci-dessus, p. 4).

Mais peut-être dira-t-il, et sera-t-on porté à admettre,
que j'ai profité de la conduite peu sensée de M. Prou
pour écarter sa collaboration et m'emparer des découvertes qu'il s'attribue, découvertes scientifiques, découvertes philologiques, etc.... Eh bien! examinons cette
question : elle en vaut certes la peine.

D'abord M. Prou, qui me fait la grâce de m'appeler
son collaborateur et *son compétiteur* (à quoi?), fait va-
loir sur le titre de sa brochure, qu'il a réintégré la Chirobaliste dans sa *batterie* et dans ses *pivots*.

Voyons donc pour la batterie. — M. Prou me reproche
(p. 31) de *mutiler la languette en queue d'hironde et le
fond de la coulisse.* Or, c'est lui-même qui a introduit
dans notre travail ce dispositif, différent de celui qu'in-
dique Philon dans la Bélopée. En voici la preuve dans sa
lettre écrite en date du 10 octobre (?) (2).

---

(1) (*Voyez* ci-dessus, p. 4, note). — Cependant, cette fois, la nature des
exigences de M. Prou me permit d'y satisfaire dès le lendemain.

(2) *Date probable.* — Sur quarante-huit lettres que j'ai conservées de
M. Prou, antérieures à l'époque où j'ai cessé toute correspondance directe

« Ne pourrait-on pas supposer (cela n'a rien d'illogique [il y avait d'abord « d'impossible »] malgré les faibles dimensions du tiroir) que *toute la batterie* était encastrée et cachée dans l'épaisseur du bois du tiroir, et que tous les trous pratiqués pour recevoir les goupilles étaient recouverts (en dessus) par une pièce de fer unie et polie qni donnait au talon du tiroir un aspect plus convenable? Outre cette question de convenance, il y aurait aussi un motif qui a son poids important dans l'espèce : c'est que la batterie *extérieure*, comme celle que j'ai exécutée, gêne un peu le pointage, la ligne de mire de l'arme étant encombrée par les pièces de la batterie. Les anciens n'auraient-ils pas songé, Monsieur, à dégager complétement le dessus de la coulisse, de manière à obtenir un champ de mire parfaitement net? »

Eh bien! je le demande, qu'en pense le lecteur?

Maintenant, M. Prou! si *cette incision* dont vous parlez ici (à la page 31) *est impossible* aujourd'hui, elle l'était déjà au 10 octobre; et si dès cette époque vous ne vous étiez pas aperçu de cette impossibilité, vous qui étiez préposé à l'ordonnance de ces détails et qui exécutiez les dessins, comment pouvez-vous me la reprocher aujourd'hui?.... Que savez-vous d'ailleurs de l'état où se trouve maintenant la planche refaite par un autre que vous (1)?

Au reste ce n'est pas le seul cas où M. Prou veut me faire endosser ses propres opinions lorsqu'il les a reconnues erronées. Ainsi page 19, *note* 1re, il affirme que ma traduction porte ceci : AB *et* CD *emboîtées à rainure et*

---

avec lui, vingt-huit seulement sont datées, et en général par le jour de la semaine : quatorze en tout le sont complétement.

(1) Il est vrai cependant que (par un scrupule peut-être excessif !) j'ai consenti à faire donner communication à M. Prou, des principales modifications qu'a dû subir le travail qu'il m'avait laissé imparfait.

à languette, etc., et il m'en fait un reproche, vû, dit-il, « qu'il s'agit seulement ici de la forme et non de l'as-» semblage de ces deux pièces » . Ceci est vrai, mais.... parmi les nombreuses transformations qu'a subies la tra-duction de la Chirobaliste, j'ai conservé 1º une copie de la main de M. Ruelle, qui est la plus ancienne et repré-sente ma propre traduction; 2º une seconde copie dè la main de M. Prou lui-même, copie conforme à la pre-mière, avec cette note de son écriture : *Traduction de M. Vincent.* Eh bien! encore une fois (qui le croirait?).... il n'est question dans aucune des deux copies, ni *d'em-boitement* ni *d'assemblage.* En voici textuellement la rédaction : « Que l'on fasse deux règles en queue d'hi-» ronde AB, GD, [terminées] par des quadrilatères [éga-» lement] en queue d'hironde, dont [la femelle soit AB et » le mâle GD, etc....» C'est donc seulement à la troisième copie, que M. Prou, chargé d'appliquer les mots techni-ques convenables (ci-dessus, p. 7), introduisit *lui-même* le mot *assemblées* (non *emboîtées*) qu'il vient me repro-cher aujourd'hui.

Il·en est de même des arcs-boutants du § IV (p. 25, nº 7), que j'avais pris (dit M. Prou) pour de petites équer-res. On aura peine à le croire, et pourtant cela est (je puis le prouver par sa lettre en date du 7 juin (?) 1861) : cette hypothèse est due encore à M. Prou lui-même (1).

(Voir d'ailleurs ci-après, p. 30.)

Quant à vos pivots,.... rassurez-vous, mon cher Mon-sieur; la crainte que vous exprimez à la fin de la page 34, de m'en voir profiter après les avoir rejetés (car c'est cette

---

(1) Il en serait de même encore des mots εὖρος et πλάτος que M. Prou me reproche d'avoir pris l'un pour l'autre, si je ne m'étais aperçu à temps de l'erreur introduite *par lui-même* dans la traduction, et que j'ai dû cor-riger.

planche qui fut la principale cause de notre rupture), votre crainte, dis-je, n'a rien de fondé. J'ai persisté à traduire κανόνια par *clavettes*; et, ce qui est bien autre-, ment important, j'ai reconnu depuis, que *la machine n'a aucune espèce de pivots,* mais, à la place de *faisceaux* de *nerfs* ou *tons,* de simples cordons élastiques,' facilement remplaçables, lesquels, retenus au moyen de crochets, par ces clavettes qui représentent les épizygides tandis que les cylindres représentent les barillets, tiennent les conoïdes suspendus au milieu des anneaux qu'ils traversent.

J'avais donc raison d'affirmer que le dernier mot n'était pas dit sur la Chirobaliste.

C'est du reste la seule affirmation que je me sois permise dans cette longue étude : car je suis de ceux qui savent douter. Dans tout le cours de mon travail, mes prétentions ne se sont jamais manifestées que sous la forme de simples conjectures, et c'est, vous le savez bien, sous le titre d'*Essai de restitution de la Chirobaliste,* que j'en ai présenté à Sa Majesté le résultat *provisoire.* Quant à vous, Monsieur, qui avez *réintégré* l'instrument dans ses pivots.... imaginaires, soyez glorifié suivant vos désirs!

———

Maintenant, comment qualifier vos procédés, lorsque vous venez exposer et développer en public des idées qui ne vous appartiennent point, et non pas des doctrines écrites et professées, non pas même des assertions ni des opinions formulées, mais de pures hypothèses, toutes émises dans l'intimité de la conversation, les réfutant à grand bruit quand elles n'ont d'autre valeur que celle de questions que *l'on aurait pu poser,* mais vous les appropriant quand elles sont à votre convenance? Ah! Monsieur, quel rôle.... si vous en aviez l'intelligence et la conscience!

Vous prétendez avoir découvert la nature de l'organe moteur de la Chirobaliste. Mais déjà il y a plus d'un siècle, Meister, vous en convenez (p. 28), avait attribué cet office aux *cambestria;* et je ne l'ignorais pas (1), puisque, dès 1854, j'avais fait connaître ce fait à M. Henri Martin (de Rennes). Que j'aie ou non mis de côté en 1861 les conjectures de Meister, que vous importe? ce qui importait, c'était de déduire directement l'organe cherché, du texte même et des figures des manuscrits. Pareillement, que j'aie cru voir des réservoirs d'air dans les figures de la page 120 de Thévenot, cette hypothèse était fort naturelle (j'en appelle au lecteur qui voudra prendre la peine de jeter les yeux sur le volume); elle *devait* être examinée et discutée; et il vous sied fort mal de m'en faire un reproche, à vous qui avez vu successivement dans ces figures (vos lettres le prouvent), des *montants* (9 mai), des *essieux* ou des *supports* (12 mai), des *poignées* (7 juin) (2). Vous jouez ici, convenez-en, le rôle de la pelle qui se moque du fourgon. Au reste, la véritable et définitive signification de ces organes ne pouvait être donnée que par un manuscrit de Vienne dont vous n'avez pas eu

---

(1) M. Prou le reconnaît lui-même [lettre du 14 juin (?) 1861]: « La forme des cambestria, m'écrivait-il, ne m'arrête pas un seul instant. Dans le *cadre* formé par cette pièce, j'installe le pivot vertical.... Cette disposition permettra de faire remarquer, *d'après votre intention,* que *ce cadre jouait* probablement *le rôle d'un ressort* ». M. Prou ajoute plus loin : « Je vous soumets toujours ces observations, Monsieur, en toute humilité. La nécessité de traduire *en fait* un texte assez obscur me fait essayer de toutes les hypothèses; celle-ci d'ailleurs me paraît rentrer dans *l'opinion que vous avez d'un certain effet de ressort* produit par l'ensemble de l'échelette, des cambestria, etc. »

(2) J'omets vos poires fulminantes de la page 28, qui ne sont sans doute pas autre chose qu'une plaisanterie.

connaissance, la collation de ce manuscrit, que j'attendais depuis longtemps, ne m'étant arrivée que quand vous m'eûtes quitté : résignez-vous donc à supporter les conséquences de votre retraite.

Et que dire alors de cette assertion ridicule (page 6 de votre libelle), que « j'ai plus entravé la découverte de » la constitution véritable de la Chirobaliste, que ne l'a- » vait fait l'illusion de mes devanciers croyant distinguer » plusieurs machines dans l'exposé d'Héron » ? C'est donc à dire que si je ne vous l'avais pas fait connaître en 1860, il y a longues années que vous en eussiez donné l'explication !... Quelle logique et quelle justice !

Il en est de même lorsqu'on vous voit, pour les conoïdes, vous écrier (p. 28) que mon premier essai de traduction du paragraphe qui leur est relatif, « *restera* » comme l'exemple le plus imprudent des altérations qui » ont failli compromettre l'un des plus remarquables » monuments de l'antiquité scientifique ». Et où restera-t-il, s'il vous plaît, puisque je ne l'ai imprimé nulle part, et puisque je n'ai point publié de théorie de la Chirobaliste, bien que, sur ce point, vous paraissiez constamment chercher à donner le change au lecteur ? *S'il reste,* ce sera dans votre libelle où il pourra servir à prouver que les meilleurs témoignages ne mettent pas toujours à l'abri des dangers d'une confiance mal accordée.

Au surplus, quand vous vous êtes prononcé contre la signification des conoïdes de Thévenot comme réservoirs d'air, quelle bonne raison m'avez-vous donnée pour me convertir à votre opinion ? c'est qu'il est impossible, me disiez-vous et dites-vous encore (p. 36 de votre libelle), il est impossible de « comprimer de l'air dans un réci- » pient cylindrique, au moyen d'un piston frottant, sans » qu'il se produise, autour du piston, une déperdition de » fluide, qui doit finir par épuiser la masse primitive-

» ment emmagasinée dans le réservoir ». Mais qui parlait donc d'*emmagasiner* l'air comprimé? ce n'était là nullement la question : il s'agissait uniquement de comprimer une masse d'air *donnée,* déjà renfermée dans un réservoir clos, et d'en opérer la détente, presque immédiatement, c'est-à-dire avant qu'il se fût produit une déperdition notable. Comment peut-on sérieusement nier la possibilité de satisfaire à cette condition?

Je ne fus pas plus heureux lorsque plus tard, voulant réaliser, non plus la Chirobaliste, mais simplement la machine aérotone de Philon, toujours plein de confiance dans votre habileté, et ne doutant pas que vous ne parvinssiez sans peine à rétablir, en le perfectionnant, ce joujou fait d'un tube de sureau avec lequel je faillis autrefois crever l'œil d'un petit camarade, je vous avais recommandé (votre lettre du 23 novembre le constate) d'utiliser le temps que j'étais forcé de passer loin de Paris, en allant consulter M. Deleuil, l'habile constructeur d'instruments de physique, qui vous aurait montré comment on peut obtenir une pareille arme. Il vous eût même indiqué les moyens de vous renseigner chez les marchands de jouets d'enfants; et du même coup, les éléphants en baudruche qui planent dans la galerie Vivienne, vous eussent appris l'emploi de cette substance dont vous ignoriez jusqu'à l'existence même. Alors vous n'auriez pas eu besoin *de recourir au caoutchouc* pour reconstituer une arme antique. Cette visite à M. Deleuil (visite que vous n'avez pas faite, M. Prou, quoique vous l'eussiez promis) vous aurait épargné *de longs mois d'objections persévérantes* et non moins stériles que vous me reprochez maintenant (p. 3, 26, 29 et 31 du libelle) quoiqu'ils retombent à votre charge. Mais vous aviez autrefois (vous le souteniez) tenté des expériences qui ne vous avaient pas réussi; vous ne vouliez pas (on le conçoit) vous démentir vous-même...; et voilà comment vous avez abordé la question *sans idée préconçue* (p. 4 du libelle).

Mais, après cela, j'ai hâte de finir : je vous laisse vos théorèmes sur la Chirobaliste (p. 11-16), où vous me citez (p. 13) pour donner à entendre que j'ai oublié les premiers principes de la statique que j'enseignais il y a quarante ans à votre professeur. Votre théorie ne prouve qu'une chose, c'est que vous ignorez vous-même la différence qu'il y a entre l'extensibilité, l'élasticité, et la simple flexibilité. Or, pour peu que le lecteur veuille y regarder, il reconnaîtra bien vite que votre machine (p. 8 à 16 du libelle), où la corde archère n'est point ramenée à la ligne droite par le jeu des leviers, est, par là même, impuissante à exercer aucune action de force vive sur le projectile; vous avez beau faire : tout votre calcul intégral et vos formules empruntées à Claudel, tout cela n'y pourra rien. Et voilà, encore une fois, ce que l'on nomme *une expérience suffisante de la mécanique* (*ibid.*, préf., *verso*) (1).

Je vous laisse également vos prétentions à la philologie, aux nuances de style, et à la science étymologique. A cet égard, je ne pense pas qu'aucun philologue vous accorde qu'il y a (pour aujourd'hui) raison suffisante de regarder le mot σκοπίδιον (p. 38, *note*) comme désignant, il y a vingt siècles, une arme de guerre qui a donné lieu au

---

(1) M. Prou revient encore à la page 33 sur la prétendue impossibilité que la corde archère soit dans le prolongement des bras, sous le prétexte que la tension de la corde devrait être infinie. Cependant, M. Prou tient beaucoup à faire voir qu'il en sait *un peu plus qu'un mécanicien ordinaire* (lettre du 1er février 1862).

« Tandis que j'écris ces lignes, dit-il à la fin de cette même lettre, je » sens derrière moi Héron d'Alexandrie qui suit des yeux ma plume : il » fait un geste approbateur à la postérité. »

schioppo des Italiens et à notre *escopette :* ce n'est pas ainsi que procède la science (1).

Quant à la conversation que vous rapportez (*ibid.*), le fond en est vrai, mais *je nie* formellement vous avoir dit ni pu dire que σκόρπιος fait allusion à la *griffe*, au *dragon* ou au *chien :* car σκόρπιος désigne l'arme entière, et non pas une de ses parties. (Voir t. XIX des *Notices, etc.*, p. 425, ou 269 du tiré à part du *Traité de la Dioptre.*)

D'ailleurs au mois d'août 1861, époque que vous citez, votre ton vis-à-vis de moi n'était pas monté à cette hauteur : toute votre correspondance est là pour le prouver.

Je le répète donc : *je nie* complétement votre spirituelle répartie faite après coup ; car ce *chien de belle taille* m'eût infailliblement fait fermer ma porte quelques mois plus tôt.

———

En définitive, Monsieur, quel est le but de la guerre insensée que vous m'avez déclarée? Avez-vous à vous plaindre de moi? Ne vous ai-je pas rendu bonne justice en vous citant dans ma Dédicace à Sa Majesté? car voici (puisque vous me forcez à le dire ici quoique vous le sachiez bien) voici dans quels termes je l'ai fait :

Je compris dès l'origine, disais-je, « que le concours d'un *habile praticien* me serait nécessaire pour élucider » aussi complétement que possible les questions qui se » présentaient. Dans l'absence de M. de Reff..., je récla- » mai la collaboration d'un jeune mécanicien, M. Prou, » qui, *malheureusement,* entraîné depuis peu de temps » par des *recherches personnelles* relatives aux méca-

———

(1) J'en dirai autant de vos affirmations relatives au mot κλίσις que vous traduisez si carrément par *jeu de bascule*, ainsi que du mot κολλη- τήριον où vous n'hésitez pas à voir de la *graisse*, etc; du reste, *il est faux* que j'aie moi-même traduit ce dernier par le mot *soudure.*

» nismes employés sur les chemins de fer, *ne put me se-*
» *conder* jusqu'à la fin de mon travail; et c'est au dé-
» vouement de M. le Commandant Dem... (1), etc.,
» etc.

Est-ce tout? non... Pourquoi, encore une fois, m'obli-
gez-vous à dévoiler ici votre ingratitude?... La machine
dont vous parlez à la page 38 de votre libelle, machine
que *vous* avez fait construire *pour mon compte* (ce que
vous n'avez garde de dire), ne fournissant point la solu-
tion du problème archéologique que je m'étais proposé,
mais pouvant servir à témoigner de vos talents d'inven-
teur, *je vous en fis don* (2) pour qu'elle fût, sur ma demande, par vous-même et *en votre nom*, présentée à
l'Empereur (3), juste appréciateur du vrai mérite, à qui
vous avez eu toute liberté de dire qu'*elle avait pour
origine mes conjectures prématurées sur le moteur de
la chirobaliste* (*ibid.*), en même temps que vous trouviez
l'occasion d'exposer les griefs que vous prétendiez avoir
contre moi, et celle de présenter directement vos diverses
requêtes, qui avaient ainsi plus de chances de succès que
les sommations (*ci-dessus*, p. 5) adressées parlant à ma
personne.

---

(1) Plaignez-vous donc, M. Prou, de voir votre nom cité entre ceux de
deux officiers qui comptent parmi les plus distingués du corps de l'artil-
lerie! Il est vrai que vous m'avez mis dans le cas de leur en faire ici mes
excuses les plus humbles comme les plus indispensables. Eussiez-vous
préféré que ces excuses fussent consignées dans les colonnes du *Moniteur*
(*voir* votre préface)?

(2) Ce n'est point un reproche que je vous adresse ici; mais il faut bien
que l'opinion publique soit éclairée sur la question, puisque vous en ap-
pelez à sa justice.

(3) Et aussi peut-être pour compenser l'impossibilité où vous m'aviez
mis de remplir à votre égard mes premières intentions (*ci-dessus,* p. 10),
et de reconnaître des services qu'après tout je ne nie pas.

CONCLUSIONS.

En résumé, il demeure constant :

1° Que j'ai le premier entrepris la synthèse de la Chirobaliste, composée des organes partiels représentés par les figures du volume des *Mathematici veteres*, depuis la page 115 jusqu'à la page 120, organes dont l'assemblage virtuel en un tout unique paraît n'avoir été aperçu de personne avant moi.

2° Que j'ai rétabli à cet effet le texte grec explicatif de ces figures, et que j'en ai présenté la première traduction française.

3° Que j'ai fixé la nature caractéristique de cet engin (déjà reconnu sidérotone par Meister), notamment en établissant la direction convergente des bras et l'absence de tous pivots (1), ce qui le distingue des autres machines décrites dans les auteurs et le rapproche des machines de la colonne Trajane.

4° Mon travail sur la Chirobaliste n'ayant d'ailleurs été présenté que comme un *essai* et n'étant point terminé, je proteste contre toute publication faite sur cet objet, où mon nom peut se trouver mentionné sans mon consentement; et si je n'ai point déféré aux tribunaux celle de M. Prou qui constitue un abus de confiance en même

---

(1) Toutefois, ce dernier détail est postérieur à la présentation de mon travail à Sa Majesté; il a fait l'objet d'un paquet cacheté déposé sur le bureau de l'Académie des Inscriptions et Belles-Lettres le 6 juin dernier et ouvert le 13 août.

temps qu'un plagiat et jusqu'à certain point une diffamation, c'est pour des considérations que l'on comprendra sans que j'aie besoin de les énoncer, et aussi parce que l'auteur de cette publication ne paraît pas avoir conscience du caractère moral de l'acte qu'il a commis.

A.-J.-H. VINCENT,

Membre de l'Institut
(Académie des Inscriptions et Belles-Lettres).

Paris, le 12 août 1862.

NOTE.

Je donne ci-après des extraits de la correspondance de M. Prou, d'après lesquels on pourra juger des modifications apportées successivement dans ses idées.

Paris, 20 mai 1860.

« J'ai osé, Monsieur, franchir les limites de ma tâche de *cal-*
» *ligraphe* et étudier, pour mon instruction personnelle, ces
» machines célèbres dont j'avais souvent ouï parler d'une ma-
» nière fort incomplète.

» Pardonnez-moi, je vous prie, Monsieur, la liberté que je
» prends de vous soumettre les réflexions qui me sont venues
» *en copiant* votre travail(1); mais il m'a semblé qu'elles ne pou-
» vaient vous déplaire, puisqu'elles dérivent en moi non-seu-
» lement du désir de me rendre utile, mais encore d'un sincère
» et profond amour de l'étude. »

Paris, 19 avril 1861.

« J'ai parcouru avec un vif intérêt le commencement des
» *Spiritalia*.

. . . .

» Je suis convaincu que, sous vos bienveillants auspices,
» et avec le concours de vos lumières et les indications de
» M. Ruelle, il serait possible de constituer une œuvre intéres-
» sante.

. . . .

---

(1) Telle est donc, on le voit, l'origine de *l'étude préalable de la Bélopée d'Héron* à laquelle M. Prou (p. 4 de son libelle) déclare s'être livré.

» *P.-S.* Je me propose de dresser ce soir le croquis de la
« chirobaliste tel que je le conçois, et j'aurai l'honneur de vous
» le soumettre avant de le mettre au net. »

Paris, 1er mai 1861.

« ... J'ai l'honneur de vous informer que demain, à 10 heu-
» res, je m'empresserai de vous aller soumettre le croquis de
» l'appareil des χειρολάβη, σχαστηρία, δρακόντιον, etc., dont la
» description est si confuse ; il me paraît bien certain, comme
» vous l'indiquez vous-même dans une Note, qu'il y a dans
» tout ce fragment des lacunes et des transpositions. J'ajoute-
» rai même qu'il y a des répétitions inutiles.

» Je vous rapporte *la traduction que vous avez bien voulu*
» *me confier et dont j'ai pris une copie bien exacte*, et je vous
» remercie vivement, Monsieur, des bonnes indications que
» vous m'avez mis à même d'y puiser. »

Tours, 10 juin 1861.

« Je crois, Monsieur, que vous pouvez compter désormais
» que cette partie (*les cambestria*) sera bien représentée, et *je*
» *vous remercie bien vivement de m'avoir éclairci ce point en*
» *m'indiquant les données de Philon que je n'avais point étu-*
» *diées, ignorant qu'elles existaient dans son Traité.* »

Tours, 20 juin?

« Je suis toujours tout disposé, Monsieur, à modifier mes
» idées d'après vos savantes et bienveillantes observations. »

Paris, 28 juin?

« *J'ai l'honneur de vous remettre le seul exemplaire que j'aie*
» *de votre traduction de la Chirobaliste, de votre main.* Demain
» matin, je vous porterai un brouillon du *texte définitif à ar-*
» *rêter par vous.* »

Paris, jeudi soir (10 octobre 1861?).

« ... C'est à vous, en effet, qu'il appartient de décider si

» mon interprétation est plus ou moins conforme à votre pen-
» sée ;

.   .   .   .

» Je m'estimerai très-heureux, Monsieur, si mon obscur
» concours contribue à fixer vos convictions sur un morceau
» aussi précieux de l'antiquité, *en mettant à votre disposition de*
» *traducteur un crayon docile et fidèle, et qui cherche avant tout*
» *à vous être agréable.* »

Paris, décembre? 1861.

« Le passage de ma lettre où je vous annonce des observa-
» vations de nature à faire modifier votre Introduction n'a nul-
» lement trait à un désir personnel de ma part d'y faire intro-
» duire une mention spéciale pour moi. — Non, Monsieur,
» *je n'ai jamais désiré un tel honneur que je ne mérite pas ;* la
» mention indirecte insinuée par ma Note sur les pivots suffi-
» sait largement à mon ambition.
» Mes observations sur l'Introduction reposeraient sur une
» opinion qui m'est toute personnelle, à savoir que le traité de
» la Chirobaliste est très-complet, que le texte n'en a pas été
» altéré du tout, etc... ; enfin, Monsieur, que *la Chiroba-*
» *liste vivante, restituée par vous avec mon humble concours,*
» *est la seule, la vraie arbalète d'Héron, et que vous avez*
» *le droit, sans crainte d'être contredit, de soutenir cette*
» *thèse, etc.* »

Paris, 15 février 1862.

« Vos paroles d'hier dénotent toujours contre moi des soup-
» çons que rien ne justifie. Vous supposez, Monsieur, que je
» rédige un livre pour soutenir mes idées contre les vôtres, et
» que *je médite peut-être de vous enlever la priorité du travail.*
» Ah! Monsieur, pourquoi admettre une pareille hypothèse?
» Si j'avais à publier mes idées sur la Chirobaliste, j'attendrais
» que les vôtres, ou plutôt celles que nous avons concertées en-
» semble (alias : *vos idées découvertes par moi,* 1er février), fus-

» sent connues du public(1). C'est un vieux principe de la loyauté
» française de laisser l'adversaire brûler la première amorce.
» Et ma conduite à votre égard serait une antithèse éclatante à
» la défiance que vous manifestez contre moi. » (??)

Paris, 11 mai 1862.

« Je le répète à M. R. : il y a de ces actions si détestables,
» que l'Évangile dit de ceux qui les commettent qu'il vaudrait
» mieux pour eux de n'être pas nés.

» M. R., qui m'a témoigné maintes fois une véritable sym-
» pathie, doit trouver que je suis bien patient. Montaigne dit :
» Boutez-leur donc un bon coup d'espée dans la poitrine, et
» vous les verrez joindre les mains et crier merci! »

Paris, 13 mai 1862.

« . . . Mais en vertu d'un principe qui établit que la réaction
» est égale à l'action, il arrive toujours un moment où le pendu
» ressuscite, où Gulliver se réveille, où Tell, repoussant du pied
» dans la tempête l'esquif de l'oppresseur, bondit sur le rivage,
» et, d'une main qui ne sait plus frémir, confie le trait répara-
» teur à son arbalète implacable. »

(Revoir la suite et la fin de cette correspondance, ci-dessus, page 4 et suiv.).

---

(1) Rappelons-nous que M. Prou ne ment jamais (ci-dessus p. 5); et rendons hommage à sa *candeur native* (lettre du 22 février 1862).

ESSAI D'ERRATA[1]

POUR

LA CHIROBALISTE DE M. PROU.

P. 3, lig. 8. — Je n'ai rien affirmé (*voir* ci-dessus, p. 15).

P. 5, lig. 8. — *Différences*; lisez *difficultés*.
L'auteur était pressé de faire *sa copie!....* La mienne, c'est-à-dire la copie officielle.... dont il s'était chargé, a dû être confiée à un tiers.

P. 10, lig. 4 en montant. — Il ne s'agit point du pied philé-térien, mais du pied d'Héron, qui est bien de $0^m,30$.
Je m'empresse de le reconnaître, c'est moi qui suis la cause de cette curieuse erreur, et voici de quelle manière : J'avais blâmé M. Prou d'avoir, *sans me consulter*, fixé le chiffre de la copie définitive. Je lui dis que cela demandait examen, et qu'il fallait voir si l'on ne devait pas suivre le système philétérien. Le lendemain, également *sans me consulter* et sans attendre l'examen, M. Prou avait gratté le chiffre et substitué la valeur du pied philétérien ! Je fus obligé de faire faire un nouveau grattage, et,

---

[1] Je ne veux indiquer ici que des erreurs superficielles, en me bornant à quelques observations qui puissent mettre tout lecteur attentif à même de faire justice sur-le-champ des prétentions de M. Prou, et passant sous silence un certain nombre de fautes simplement typographiques, notamment dans le texte grec.

Du reste, je n'entrerai dans aucune discussion sur le fond, avant de publier moi-même mon travail.

pour d'autres raisons encore (ci-dessus, p. 10), de retirer le reste du travail à M. Prou. Ce fut le jour de la séparation.

Au reste, il y aura lieu de revenir sur ce tableau.

P. 11 à 16. — Voir ci-dessus, p. 17.

P. 16. — Les lecteurs se demanderont sans doute avec étonnement à quel système de numération sont rapportés le nombre E et les autres nombres de cette page, et quelles sont leurs valeurs respectives.

P. 18, 8ᵉ alinéa, ligne 3. — Après τετραγώνῳ, lisez σχήματι συμφυὲς γεγενῆσθω. — On ne saurait s'expliquer pourquoi M. Prou supprime le mot συμφυὲς qui se trouve dans l'édition de Thévenot comme dans les manuscrits, ni pourquoi il change σχήματι en τρήματι.

P. 19, note 2ᵉ. — La forme de l'arme ne lui permet pas de *s'épauler* et de *se mettre en joue comme un fusil.*

P. 20, 4ᵉ alinéa, lig. 1. — τὸ, lisez τὴν : la sigle abréviative a été mal interprétée. De même au 6ᵉ alinéa, lig. 4.

Ibid., 6ᵉ alinéa, lig. 2. — ἀπὸ τοῦ π μετρήσαντες. — Tous les manuscrits donnent ἀπ᾽ αὐτοῦ μετρ.

Ce changement fait par M. Prou, sans être appuyé d'aucune autorité, a pour but de prouver que la gâchette doit rester au-dessus du tiroir (p. 31 de la *Chirobaliste; voir* ci-dessus, p. 11).

Ibid., 3ᵉ, 4ᵉ et 5ᵉ alinéas. — κινηθῆναι,... κινοῦμεν ὥστε, lisez κυν....

P. 22, 3ᵉ alinéa, lig. 1. — Au lieu de οἶοι, lisez οἶον, comme dans le texte de Thévenot et dans les manuscrits. — (De même plus loin, p. 24, 2ᵉ alinéa, lig. 2, au lieu de οἶα.) — M. Prou n'a pas su lire la sigle abréviative du mot οἶον.

Ibid., 5ᵉ alinéa, lig. 2. — Lisez ω, ͵α : l'alphabet ne doit recommencer qu'étant accompagné de virgules. — De même, au 6ᵉ alinéa, lisez ͵β ͵γ, ͵δ ͵ε,.... (*Voir* ci-dessus, p. 9 et 10).

En outre dans ce même alinéa (le 5ᵉ), il manque huit mots au texte de M. Prou, savoir : après le mot κανονίοις (lig. 3) ajoutez, ἔχοντα πλάτος καὶ πάχος τὸ αὐτὸ τοῖς κανονίοις.

Enfin, les diverses parties de cette page ne s'accordent pas entre elles. Ainsi, M. Prou n'y donne pas moins de trois traductions différentes du mot δίμοιρον, dont deux sont nécessairement fausses, savoir $\frac{1}{3}$ au 5ᵉ alinéa, et $\frac{1}{2}$ à la note 3.

Ibid., 7ᵉ alinéa. — Lisez μ, μ, μ,..., et traduisez par *a*, *b*, *c*, ... (*ibid.*).

P. 24, 1ᵉʳ alinéa, lig. 8. — προσειρημένων, lisez προειρ.

Ibid., 6ᵉ alinéa, lig. 3. — Je revendique l'importante correction ιγ au lieu de γ, ainsi que son explication.

Ibid., lig. 6. — Les mots πρὸς τοῖς κανόσιν ἐπιούρας ne sont pas rendus; il faut lire ἐπὶ οὐρᾶς.

Ibid., 7ᵉ alinéa. — Quant aux *arcs-boutants* dont il est ici question (*voir* plus haut p. 13), quant à leur *assemblage à onglet*, quant à leur *longueur de 14 doigts*, il est évident que tout cela est suppléé arbitrairement par M. Prou. (Comment α peut-il se transformer en ι' δ'' et se traduire par 14?) Si tout cela était fondé, il faudrait au moins reconnaître que, contrairement aux assertions de M. Prou dans son Introduction, le texte présente ici de notables lacunes. C'est d'ailleurs ce dont on trouve une preuve évidente dans le manuscrit de Vienne où la figure de l'échelette est accompagnée d'une série de lettres qui ne sont point mentionnées dans ce texte.

Je renvoie d'ailleurs à M. Prou l'accusation contenue dans la *note* 7 de sa page 25 (*voir* ci-dessus, p. 14).

P. 25, *note* 4. — *Je nie* formellement avoir donné pour traduction : *en trois parties égales.* D'ailleurs la véritable leçon semble être, conformément au manuscrit de Paris 2438 : εἰς τρία· εἶτα φ τ ↓ χ υ ω τετρήσθω. — Le καὶ après ω paraît être une fausse interprétation de ς.

P. 26, 2ᵉ alinéa. — La traduction des deux dernières lignes de cet alinéa ainsi que la prétendue restitution de M. Prou (bas de la page) sont inadmissibles. Les mots σωλῆνες et τόρμοι ne peu-

vent avoir, à trois lignes de distance, des significations aussi étrangères l'une à l'autre. Il faut donc traduire que *les broches munies d'anneaux jouent librement dans les rainures (trous carrés* de M. Prou) *et dans les viroles.*

Page 27. — Ce tableau statistique ne prouve que l'inexpérience de l'auteur en fait de critique des textes, non moins que sa parfaite confiance en lui-même. Qu'il nous suffise, à cet égard, de recommander au lecteur le présent *errata.*

P. 28, *note* 1. — Je revendique cette conjecture proposée dans ma communication à l'Académie : cette note n'est qu'une répétition de ce que j'ai dit.

Ibid., lig. 10 en montant — *Ludi,* lisez *Lud. Frid.*

Au reste, pour les deux pages 28 et 29, voyez tout ce que j'ai dit ci-dessus (p. 16 et suiv.).

P. 30 et 31. — Cette théorie de la *bascule,* représentée par le mot κλίσις, est dénuée de toute preuve. (*Voir* ci-dessus pour tout ce qui est relatif à la batterie, p. 12.)

D'ailleurs, dans le dispositif de M. Prou, à quoi servirait le serpenteau? Pourquoi ne pas faire agir directement la gâchette sur la bascule? — En outre, la forme de la fourchette est en contradiction avec l'hypothèse actuelle de M. Prou.

Quant à la contradiction dont je suis accusé (p. 31 du libelle, lig. 6 en montant), elle n'existe point, puisque mon premier alinéa s'appuie sur le *nom* de l'arme, et l'autre sur sa *forme ;* et d'ailleurs, mes assertions s'accordent avec les détails des chapitres XIII et XIV du livre X de Vitruve.

P. 32, *note.* — Les 20 drachmes font approximativement 65 grammes et non 90 comme le suppose M. Prou; le système philétérien lui-même ne conduirait point à cette dernière évaluation. La faute d'impression du *Moniteur* (5 décagrammes $\frac{1}{2}$ au lieu de 6 $\frac{1}{2}$, leçon officielle) aurait-elle empéché M. Prou de se retrouver dans ce calcul? Toujours est-il que je n'ai point réduit le diamètre du projectile à 1 doigt $\frac{1}{2}$: Car dans ma NOTE du § I, *écrite de la main de M. Prou lui-même,* le demi-diamètre (pris *à titre d'exemple* seulement) est de 1 doigt, ce qui fait 2 doigts pour le diamètre entier. Il m'est donc absolument impossible de savoir où l'auteur a emprunté ce chiffre de 1 doigt ½ qu'il m'attribue ici ; je n'en trouve aucune trace dans mes notes, et je ne puis l'expliquer autrement que par une *illusion*.

P. 36, *note.* — La rédaction de cette *note* ferait croire que c'est moi qui ai indiqué à mon illustre confrère et excellent ami M. Lenormant ce sens de l'hiéroglyphe cité : *la voix qui vient de loin ;* l'exactitude historique exige que je lui restitue cette traduction. La seule chose qui m'appartienne ici, c'est l'idée que l'objet représenté par le caractère hiéroglyphique pouvait être une arme à lancer des flèches, mise en jeu par un ressort en hélice, dit *ressort à boudin.*

P. 37. — Philon, dit M. Prou, au sujet de la machine aérotone, « parle à l'*imparfait* d'une chose *imparfaite* ». Si ce jeu de mots pouvait avoir quelque valeur philologique, on y répondrait que Philon parle aussi à l'imparfait de la construction des machines chalcotones qui sont cependant une chose *parfaite*, et de la fabrication des épées celtiques et ibériennes qui sont une chose *plus que parfaite*. Voilà pourtant de ces *nuances de style* qui *trahissent la pensée de l'écrivain*, et dont *ma traduction n'a pas su refléter le sens pratique !* Combien je regrette de ne pouvoir, à cette occasion, accorder à M. Prou, même la modeste récompense que pour cette fois il se contente d'ambitionner !

J.-H. V.

Paris. — Imprimerie de Mallet-Bachelier, rue de Seine-Saint-Germain, 10, près l'Institut. (Septembre 1862.)

www.ingramcontent.com/pod-product-compliance
Lightning Source LLC
Chambersburg PA
CBHW070739210326
41520CB00016B/4506